BEI GRIN MACHT SICH IHR WISSEN BEZAHLT

AF141666

- Wir veröffentlichen Ihre Hausarbeit,
  Bachelor- und Masterarbeit

- Ihr eigenes eBook und Buch -
  weltweit in allen wichtigen Shops

- Verdienen Sie an jedem Verkauf

Jetzt bei www.GRIN.com hochladen
und kostenlos publizieren

GRIN

Christian Kowollik

Ökologisch Bauen - das Prinzip von Energiesparhäusern

Ein Überblick

GRIN Verlag

Bibliografische Information der Deutschen Nationalbibliothek:

Die Deutsche Bibliothek verzeichnet diese Publikation in der Deutschen National-
bibliografie; detaillierte bibliografische Daten sind im Internet über http://dnb.d-
nb.de/ abrufbar.

Impressum:

Copyright © 2004 GRIN Verlag GmbH
Druck und Bindung: Books on Demand GmbH, Norderstedt Germany
ISBN: 978-3-638-77527-4

Dieses Buch bei GRIN:

http://www.grin.com/de/e-book/43202/oekologisch-bauen-das-prinzip-von-energie-
sparhaeusern

GRIN - Your knowledge has value

Der GRIN Verlag publiziert seit 1998 wissenschaftliche Arbeiten von Studenten, Hochschullehrern und anderen Akademikern als eBook und gedrucktes Buch. Die Verlagswebsite www.grin.com ist die ideale Plattform zur Veröffentlichung von Hausarbeiten, Abschlussarbeiten, wissenschaftlichen Aufsätzen, Dissertationen und Fachbüchern.

Besuchen Sie uns im Internet:

http://www.grin.com/

http://www.facebook.com/grincom

http://www.twitter.com/grin_com

Universität Osnabrück   01.11.2004
WS 2004/2005

Ökologisch Bauen:
Energiesparhäuser

Name des Referenten: Christian Kowollik
Studiengang: LA Gymnasium, 5. Semester

Thema des Seminars: Energie und Umwelt

Inhaltsverzeichnis   Seite

(Fortsetzung auf S. 3)

Fortsetzung Inhaltsverzeichnis

1. Einleitung

Jedes Wohnhaus benötigt Energie, z.B. zum Heizen, Kochen, Duschen und für das Licht, aber auch zur Herstellung der Baumaterialien werden Rohstoffe und Energie verbraucht. Dafür wird Primärenergie verwendet. In Hinblick auf die stark wachsende Weltbevölkerung werden in einigen Jahren allerdings die Primärenergieträger (Erdöl, Erdgas, Steinkohle etc.) knapp. Hinzu kommt, dass bei der Verbrennung der eben genannten fossilen Brennstoffe Kohlendioxid frei wird, dessen Konzentration in der Erdatmosphäre immer größer wird und Klimaveränderungen mit sich bringen wird. Es ist also an der Zeit, den weltweiten Energieverbrauch zu senken und auf regenerative Energiequellen wie Sonne oder Wind zurückzugreifen (nach HIRSCH und LOHR 1996, S. 14ff.). Einen Beitrag dazu leisten kann der Bau von Energiesparhäusern.

In der vorliegenden Arbeit soll das Prinzip von Energiesparhäusern deutlich gemacht werden. Auf Details wie z.b. Baustoffkunde oder chemische Vorgänge in einem Heizkessel wird nicht eingegangen. Der Leser soll lediglich einen Überblick über das Thema bekommen, wenngleich kleinere Ausschweifungen sich nicht vermeiden lassen.

2. Energiesparende Gebäudearten

Zunächst ein Überblick über die verschiedenen Gebäudearten. Die genauen Definitionen differieren in der Literatur, manche Autoren erfinden eigene Standards, z.B. MEYERs „EnergieEinsparhaus" (MEYER 2001, S. 11).

2.1 Niedrigenergiehaus

Niedrigenergiehäuser sind Gebäude, deren Heizwärmebedarf weitaus niedriger ist, als der von Gebäuden, die nach Wärmeschutzverordnung (siehe Kapitel 4) gebaut wurden. Niedrigenergie-Einfamilienhäuser haben nach FEIST eine Energiekennzahl für Heizwärme von maximal 70 kWh pro m² im Jahr (nach FEIST 1997, S. 1).

2.2 Energiesparhaus

Der Begriff Energiesparhaus wird teilweise Synonym für Niedrigenergiehäuser verwendet. Nach DWORSCHAK/WENKE hingegen ist ein Energiesparhaus „die gemäßigte Variante des Niedrigenergiehauses" (DWORSCHAK/WENKE 1997, S. 179).

2.3 Passivhaus

Ein Passivhaus hat keine Heizung, lediglich die Nutzung passiver Solarenergie (durch die Sonne, die durch die Fenster scheint, nicht mittels Kollektoren) und innere Gewinne (z.B. Abwärme elektrischer Geräte) decken den Heizwärmebedarf. Durch optimale Dämmung liegt dieser bei maximal 15 kWh/m² im Jahr (nach FEIST 1996, S. 8). Der Bau von Passivhäusern ist etwas teurer als der von normalen Gebäuden; pro eingesparter Kilowattstunde bezahlt man ca. 30 Pfennig mehr (nach HIRSCH und LOHR 1996, S. 21).

2.4 Nullenergiehaus

Das Nullenergiehaus besitzt, wie das Passivhaus, keine Heizung, verwendet allerdings Solarkollektoren und verfügt über einen Warmwasserspeicher (nach DWORSCHAK/WENKE 1997, S. 180). Diese technischen Einrichtungen sind allerdings sehr teuer. Das sogenannte Energieautarke Haus deckt sogar den eigenen Strombedarf selbst. Nach HISCH/LOHR liegt es mit Mehrkosten von 3 DM pro eingesparter Kilowattstunde fernab der Wirtschaftlichkeit (nach HIRSCH und LOHR 1996, S. 21).

2.5 EnergieEinsparhaus

Das von MEYER entworfene EnergieEinsparhaus wird folgendermaßen definiert (nach MEYER 2001, S. 11):
- Jahresheizwärmebedarf: 35 kWh/m²/a
- nicht teurer als ein normales Haus
- besitzt eine Mini-Heizung, lässt sich zum Passivhaus nachrüsten
- Fensteranteil: max. 30 %

2.6 Anmerkung zu den Gebäudearten

Exakte Trennstriche lassen sich nicht immer ziehen, die Übergänge sind fließend. Allerdings kann man die verschiedenen Gebäudearten in eine Reihenfolge bringen: Energiesparhaus, Niedrigenergiehaus, EnergieEinsparhaus, Passivhaus, Nullenergiehaus.

3. Energiebilanz eines Hauses

3.1 Faktoren

Jedes Wohngebäude stellt einen Energiewandler dar: Energie wird in das Haus eingeführt, und ein Teil davon verlässt das Haus ungenutzt. Die Idee des Energiesparhauses ist es, den Anteil der ungenutzten Energie möglichst gering zu halten, und somit die benötigte Energiemenge zu senken. Im Folgenden werden Faktoren genannt, die die Energiebilanz eines Hauses beeinflussen.

3.1.1 Standort

3.1.1.1 Außenklima

Zunächst spielt das Außenklima eine entscheidende Rolle. Zu nennen sind hierbei vor allem die Klimazone, der Jahres- und Tagesgang der Temperaturen und die Anzahl der Heiztage im Jahr. Das sind jene Tage im Jahr, an denen der Tagesdurchschnitt der Temperatur (auf lange Zeit gesehen) durchschnittlich kleiner als 12°C ist. Hierfür wurde die sogenannte Heizgradtagzahl eingeführt. Es wird davon ausgegangen, im Gebäude seien 20°C Raumtemperatur. An Heiztagen wird täglich die Differenz zwischen der Innen- und der Außentemperatur berechnet (in Kelvin). Die einzelnen Werte in einem Jahr addiert ergeben die Heizgradtagzahl. In Deutschland beträgt sie durchschnittlich 3500 Kd/a (nach HIRSCH und LOHR 1996, S.203).

Ein weiterer wichtiger Faktor ist die solare Einstrahlung; sowohl die monatliche Einstrahlung pro Jahr, als auch der Sonnenstandsverlauf. Hinzu kommt die Einberechnung großräumiger und lokaler Winde und deren Richtung, Luftfeuchtigkeit und Niederschläge.

3.1.1.2 Lage und solare Raumplanung

Beim Bau eines Energiesparhauses, gleichgültig welcher Art, wird die Energie der Sonne mit eingeplant. Es ist daher sinnvoller, das Haus an einen Südhang zu stellen, als in ein schattiges Tal. Als Hilfe können Verschattungsdiagramme erstellt werden, um zu sehen, zu welcher Jahres-

und Tageszeit andere Gebäude, Bäume, Berge etc. Schatten auf das Grundstück werfen (nach HIRSCH und LOHR 1996, S. 62f.).

3.1.2 Innenklima

Das gewünschte Innenklima bestimmen zu einem Großteil die Bewohner selbst. Jedoch gibt es allgemeine Regeln, was der Mensch als behaglich empfindet, und was nicht. Das menschliche Temperaturempfinden ändert sich je nach Aktivitätsgrad und Bekleidung. Luftbewegung wird im Allgemeinen eher als unangenehm empfunden: Je mehr „es zieht", desto wärmer muss es sein, um eine gewisse Behaglichkeit zu erreichen (nach HISCH und LOHR 1996, S. 29ff).

3.1.3 Gebäudegeometrie

Auf den Energieverbrauch eines Gebäudes hat die Gebäudeform einen großen Einfluss. „Je zergliederter ein Gebäude ist, d.h. je mehr Vor- und Rücksprünge, Gauben und Erker es hat, desto mehr Energie geht über die Außenfläche verloren." (SCHARPING 1997, S. 9). Hierfür wird das sogenannte A/V-Verhältnis berechnet. Die Oberfläche der Gebäudehülle A wird dividiert durch das Gebäudevolumen V. Je kompakter ein Gebäude, desto kleiner das A/V-Verhältnis. Je größer die Oberfläche, desto mehr Energie geht verloren. (nach SCHARPING 1997, S. 9f)

3.1.4 Weitere Faktoren

Auf die wichtigsten Faktoren, die für die Energiebilanz eines Hauses entscheidend sind, wie Dämmung, Heizung, Lüftung, Fenster etc. wird im weiteren Verlauf der Arbeit genauer eingegangen.

3.2 Energiehaushalt in Gebäuden

3.2.1 Energieverbrauch in Deutschland

Der Energieverbrauch in privaten Haushalten in Deutschland gliederte sich 1998 wie folgt:

Tabelle 1 (nach KIENZLE, GÖRG und BLOCH 1998, S.2)

Raumwärme	77 %
Warmwasser	12,5 %
Kochen	3 %
Beleuchtung	1,5 %
sonstiger Stromverbrauch	6 %

Tabelle 1 zeigt, dass mit Abstand die meiste Energie in Haushalten zur Erzeugung der Raumwärme benutzt wird. Daraus folgt, dass bei Energiesparhäusern der Schwerpunkt der Bemühungen, Energie zu sparen, auf diesen Bereich verwendet wird.

3.2.2 Energieflüsse eines Gebäudes

Abbildung 1 (Quelle: HIRSCH und LOHR 1996, S. 42)

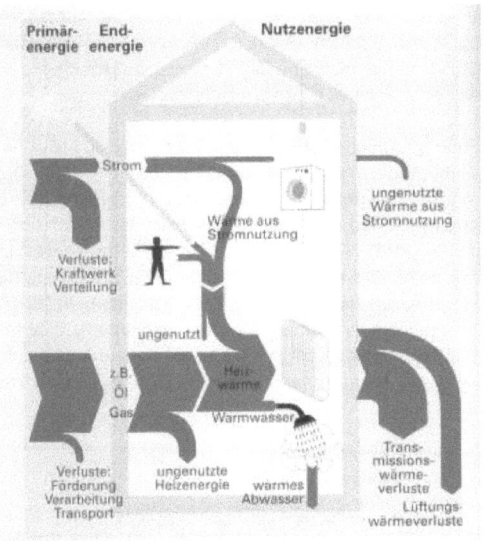

In Abbildung 1 werden die Energieflüsse eines Gebäudes gezeigt. Die Endenergieträger Heizöl, Gas oder Strom, welche vorher aus Primärenergie gewonnen wurden, werden im Haus in Nutzenergie umgewandelt. Das Öl oder Gas wird im Heizkessel in Wärme umgewandelt, die zum Heizen oder zum Erwärmen von Wasser genutzt wird. Allerdings strahlen der Heizkessel selbst oder die Warmwasserrohre Wärme ab, die nicht genutzt wird. Elektrischer Strom wird zum Betreiben von Geräten oder zum Erzeugen von Licht verwendet. Hinzu kommt die regenerative Energie der durch die Fenster scheinenden Sonne, welche zur Erhöhung der Raumtemperatur beiträgt.

3.2.3 Innere Gewinne

Des weiteren sind die inneren Wärmegewinne zu nennen. Zum einen strahlt der menschliche Körper (bei leichtem Aktivitätsgrad) ca. 2,4 kWh pro Tag an Wärme ab. Entsprechend steigt die Raumtemperatur, wenn sich viele Menschen darin aufhalten. Zum anderen sind mit der Stromnutzung auch immer gewisse Wärmegewinne verbunden. Eine normale Glühbirne beispielsweise erzeugt 90 % Wärme und nur 10 % Licht. Allerdings entspricht diese Abwärme nicht immer dem Heizbedarf (nach HIRSCH und LOHR 1996, S. 42f).

3.2.4 Wärmeverluste

Die nach Abbildung 1 größten Energieverluste eines Gebäudes bilden Wärmeabgabe durch Außenbauteile (Transmissionswärmeverluste) und Wärmeverluste durch Lüften (Lüftungswärmeverluste).

3.2.4.1 Transmissionswärmeverluste

Durch die Außenbauteile Wand, Fenster, Dach und Keller gelangt ein großer Teil der Raumwärme ungewollt nach draußen. Dies geschieht überwiegend durch Wärmeleitung. „Bereiche in der Gebäudehülle, die eine schlechtere Wärmedämmung haben als angrenzende Bauteile" (MEYER 2001, S. 55) werden Wärmebrücken genannt. Das können beispielsweise Rolladenkästen, Fugen oder Betonplatten sein. Sie gleichen die Temperaturunterschiede von innen und außen besonders gut aus und sollten so weit es geht vermieden werden.

Zur Bestimmung der Wärmeverluste durch Außenbauteile wurde der sogenannte k-Wert eingeführt (in neuerer Literatur auch U-Wert genannt) (nach MEYER 2001, S. 32). Diese Wärmedurchgangszahl gibt an, welche Wärme in einer Sekunde pro Grad Temperaturdifferenz durch eine Wand von 1m² fließt und wird angegeben in W/m² K. Bei einer Wand müssen die Wärmeleitfähigkeiten der einzelnen Baustoffe (Mauerwerk, Putz, Dämmstoff etc.) zusammengerechnet werden. Entscheidend ist hierbei auch die Dicke des Baustoffs. Eine nach Wärmeschutzverordnung 1995 gebaute Wand beispielsweise hat einen k-Wert von 0,50 W/m² K. Sehr gut gedämmte Wände von Niedrigenergiehäusern können k-Werte von bis zu 0,20 W/m² K aufweisen. Alte, einfach verglaste Verbundfenster liegen bei etwa 4 W/m² K, wohingegen neue Wärmeschutzfenster mit dreifacher Verglasung sogar unter 1 W/m² K liegen können (nach KIENZLE, GÖRG und BLOCH 1998, S. 3).

3.2.4.2 Lüftungswärmeverluste

Ein Mensch benötigt durchschnittlich 20-30 m³ Frischluft pro Stunde. Außerdem müssen Schadstoffe, Geruchsstoffe und Wasserdampf aus Gebäuden entfernt werden. Dies geschieht meist durch das Öffnen von Fenstern. Dadurch entweicht allerdings Raumwärme (nach HIRSCH und LOHR 1996, S. 44). Dazu kommen unerwünschte Luftwechsel in Fugen oder Ritzen, die von Wind und Temperaturdifferenz abhängig sind.

3.2.5 Wärmebilanz eines Gebäudes

Die Transmissionswärmeverluste für ein nach Wärmeschutzverordnung 1984 gebautes Haus betragen ca. 100 kWh pro m² Wohnfläche im Jahr. Hinzu kommen Lüftungswärmeverluste von ca. 40 kWh/m²/a. Zusammengerechnet sind dies ca. 140 kWh/m², die jedes Jahr ungenutzt verloren gehen. Die Gewinne aus solarer Einstrahlung durch die Fenster und aus Abwärme der Stromnutzung betragen ca. 30 kWh/m²/a (nach HIRSCH und LOHR 1996, S. 48).

3.3 Prinzipien eines Energiesparhauses

Aus den genannten Faktoren ergeben sich folgende Prinzipien für Energiesparhäuser (nach KIENZLE, GÖRG und BLOCH 1998, S. 5):
- kompakte Gebäudeform
- guter Wärmeschutz der Außenbauteile, Vermeidung von Wärmebrücken, Luftdichtheit
- passive Solarenergienutzung
- reaktionsschnelle Heizungsregelung
- umweltschonende Wärmeerzeugung
- bedarfsgesteuerte Wohnungslüftung
- Stromsparende Haushaltsgeräte

4. Gesetzliche Grundlagen

Bereits Ende der 70er Jahre schrieb die schwedische Baunorm die Einsparung von Heizenergie vor (nach FEIST 1997, S. 1). Nach und nach kamen auch in Deutschland Gesetze auf, die die Einsparung von Energie für Neubauten vorschrieben. Die Wärmeschutzverordnung (WschVO) von 1977 beschrieb allerdings höchstens den Bestand der Gebäude. Demnach wurden in einem Gebäude ca. 170 kWh pro m² im Jahr verbraucht. Die WschVO 1984 schrieb nun eine Dämmstärke von 5 cm in Außenwänden vor. Dies führte zu einem Verbrauch von ca. 130 kWh/m²/a (nach DWORSCHAK und WENKE 1997, S. 179). Sehr viel genauer wurde die WschVO 1995. Neben einer Dämmstärke von 10 cm schrieb sie nun auch k-Werte vor: Für Wände 0,5 W/m² K, für das Dach sogar 0,22 W/m² K und für Fenster 1,8 W/m² K. Damit liegt der Energieverbrauch meist um 100 kWh/m²/a (KIENZLE, GÖRG und BLOCH 1998, S. 3). Im Jahre 2001 wurde die Energie-Einspar-Verordnung eingeführt. Sie schrieb nun eine Bilanzierung des Energiebedarfs vor, in die auch Wärmeschutz, Lüftungsanlagen und die Effizienz der Heizung mit einbezogen werden. Außerdem werden Wärmeerzeugung und Wärmeverluste zusammen betrachtet (nach MEYER 2001, S. 38 f).

5. Passive Solarenergienutzung und Fenster

Zu den Energiegewinnen in einem Gebäude gehören vor allem die der Sonne. „Passiv" bedeutet, dass „die Nutzung der Sonnenenergie nicht mittels zusätzlich am Gebäude angebrachter technischer Einrichtungen wie etwa Kollektoren erfolgt, sondern mittels der Eigenschaften des Gebäudes selbst." (HIRSCH und LOHR 1996, S. 55)

5.1 Der Glashauseffekt

Im Gegensatz zum Treibhauseffekt, der in der Erdatmosphäre stattfindet, bezieht sich der Glashauseffekt auf Gebäude. Das Prinzip ist jedoch ähnlich: Die auf die Erde eintreffende kurzwellige Strahlung wird von Fenstern problemlos durchgelassen. Bauteile und Gegenstände im Innern des Hauses absorbieren die Strahlung und wandeln sie in langwellige thermische Strahlung um. Diese jedoch kann durch Fensterscheiben so gut wie gar nicht durchdringen: Die Wärme bleibt im Gebäude (nach HIRSCH und LOHR 1996, S. 57).

Als Maß für die solare Energie, die in ein Gebäude durch die Fenster eindringt, wurde der sogenannte g-Wert eingeführt (Gesamtenergiedurchlassgrad). Er gibt an, wie viel Prozent der auf die Scheibe treffende Sonnenenergie durch diese durchdringt. Das beinhaltet zum einen die durchgelassene Strahlung, zum anderen die Strahlung, die durch Absorption im Fenster und anschließenden Wärmetransport ins Innere gelangt (nach FEIST 1997, S 81). Tabelle 2 zeigt einige Beispiele für g-Werte.

Tabelle 2 (nach HIRSCH und LOHR 1996, S. 57)

Einscheiben-Klarglas	0,87 (= 87 %)
Zweischeiben-Klarglas	0,76
Zweischeiben-Wärmeschutzverglasung	0,62
Dreischeiben-Wärmeschutzverglasung	0,50

In Tabelle 2 erkennt man, dass Fenster mit besonders guten k-Werten (Wärmeschutzverglasung) leider auch geringere g-Werte aufweisen. Ein geeignetes Fenster sollte demnach trotz niedrigem k-Wert einen hohen g-Wert aufweisen.

5.2 Ausrichtung der Fenster

Das oben beschriebene Prinzip des Glashauseffektes kann man sich zu Nutze machen, indem man (auf Deutschland bezogen) möglichst viele der Fenster im Süden eines Hauses anbringt. Fenster im Norden hingegen bringen keine solaren Wärmegewinne ein und sollten daher eher vermieden werden. Bei der Planung der Fenster sollten insbesondere das Strahlungsangebot, der Sonnenstand zu den verschiedenen Tages- und Jahreszeiten, sowie die Verschattung von Bäumen, anderen Gebäuden, Bergen etc. beachtet werden. Oft benutzte Räume wie Wohnzimmer oder Küche sollten eher im Süden des Hauses liegen, da dort am meisten Wärme benötigt wird. Seltener benutzte Räume wie Abstellkammer oder auch der Eingangsbereich und die Treppe können im Nordteil des Hauses liegen, da dort im Winter etwas niedrigere Temperaturen keinen Wohnkomfortverlust ausmachen (nach HIRSCH und LOHR 1996, S. 63). In nach Süden ausgerichtete Fenster kann die Sonne zu jeder Jahreszeit hinein scheinen. Entsprechend müssen die g-Werte möglichst groß sein. Im Sommer kann es allerdings zur Überhitzung kommen. Deswegen ist ein nach Bedarf einstellbarer Sonnenschutz sinnvoll (nach FEIST 1997, S. 91). Ost- oder Westfenster sind mit Vorsicht zu behandeln: Um 6 bzw. 18 Uhr steht die Sonne genau im Osten bzw. im Westen. Im Sommer ist sie um diese Uhrzeit bereits auf- bzw. noch nicht untergegangen und trägt zur (i.d.R. unerwünschten) Überhitzung bei. Im den Kernmonaten des Winters jedoch, wenn Wärme benötigt wird, scheint die Sonne kaum oder gar nicht in die Ost- bzw. Westfenster, da sie zu den o.g. Uhrzeiten noch nicht auf- bzw. schon untergegangen ist. Ost- oder Westfenster tragen also im Winter kaum zur Wärmegewinnung bei, im Gegenteil, es geht sogar viel Energie über sie verloren. Wenn Fenster im Osten oder Westen erwünscht sind, sollten sie daher möglichst klein und mit dreifacher Wärmeschutzverglasung ausgestattet sein (nach HIRSCH und LOHR 1996, S. 61).

6. Wände, Dach und Keller

6.1 Allgemeines

Wärmeschutz zählt zu den wichtigsten Maßnahmen, um Energie zu sparen. Deshalb müssen alle Außenbauteile zusammen eine dichte Hülle darstellen. Diesen Zweck erfüllt spezieller Dämmstoff, mit einer möglichst schlechten Wärmeleitfähigkeit. Beim Bau muss sehr sorgfältig darauf geachtet werden, dass keine Ritzen oder Fugen bleiben, denn luftdurchlässige Stellen bringen hohe Wärmeverluste mit sich: Der k-Wert verschlechtert sich „um den Faktor 5, wenn pro Quadratmeter Dämmfläche eine nur 1 Millimeter dünne Fuge bleibt" (MEYER 2001, S. 56). Kleineste Ritzen in den Außenbauteilen machen also den teuersten Wärmeschutz zunichte.

6.2 Wände

Es gibt verschiedene Methoden, den Dämmstoff in einer Wand anzubringen. Im Folgenden werden die wichtigsten genannt:

6.2.1 Monolithische Wand

Wände älterer Gebäude bestehen oft nur aus Mauerwerk, Innen- und Außenputz. Diese Bauweise ist sehr kostengünstig, allerdings haben solche Wände eine sehr schlechte Dämmwirkung (nach HIRSCH und LOHR 1996, S. 96).

6.2.2 Wand mit Außendämmung

Bei den meisten Neubauten wird der Dämmstoff außen angebracht, da so die Dämmwirkung besonders gut ist. Auch bei der Altbausanierung findet diese Methode oftmals Verwendung. Allerdings sind solche Wände von außen anfälliger gegen Schäden (nach HIRSCH und LOHR 1996, S. 97).

6.2.3 Wand mit Innendämmung

Kann bei einer Altbausanierung der Dämmstoff nicht außen angebracht werden (beispielsweise weil die Fassade besonders schön ist oder weil ein anderes Gebäude direkt angrenzt), wird der Dämmstoff innen angebracht. Dabei muss allerdings darauf geachtet werden, dass der Wasserdampf in der Raumluft nicht in die Wand übergeht. Eine sogenannte Dampfsperre kann das verhindern (nach HIRSCH und LOHR 1996, S. 99).

6.2.4 Wand in Leichtbauweise

Eine Wand in Leichtbauweise besteht lediglich aus dem Dämmstoff mit Spanplatten verkleidet und Putz. Bei geringer Wandstärke werden hier gute Dämmwirkungen erzielt. Allerdings ist das Wärmespeicherungsvermögen, was u.a. bei passiver Solarenergienutzung eine Rolle spielt, dieser Wände schlecht (nach HIRSCH und LOHR 1996, S. 101).

6.3 Keller und Dach

Wird der Dachboden nicht bewohnt und somit nicht beheizt, muss das Dach nicht gedämmt werden, dafür aber die Decke zwischen dem letztem Stockwerk und dem Dachboden. Gleiches gilt für den Keller. Die Dachdämmung ähnelt dem Prinzip einer Wand in Leichtbauweise. Man unterscheidet zwischen Zwischensparrendämmung (Dämmstoff wird zwischen die Sparren gesetzt), Auf- und Untersparrendämmung (Dämmstoff wird auf oder unter den Sparren angebracht). Bei der zuerst genannten Art wird zwar der Raum optimal genutzt, jedoch bleiben die Sparren ungedämmt und fungieren so als Wärmebrücken. Meist wird eine Kombination der drei Möglichkeiten verwendet (nach SCHARPING 1997, S. 45).

7. Strom sparen

Das Energiesparhaus als Gebäude kann kaum zum Einsparen von Strom beitragen. Ein durchschnittliches Niedrigenergiehaus verbraucht sogar etwas mehr Strom (z.B. für die Lüftung, den Wärmetauscher, etc.) als ein normales. Es bleibt dem Bewohner überlassen, ob er stromsparende Geräte kauft, oder nicht, oder ob er die Gefriertruhe neben die Heizung stellt. Meiner Meinung nach wohnen allerdings in Energiesparhäusern meistens auch Menschen mit einem gewissen Bewusstsein für das Energiesparen (was natürlich nicht heißt, dass in jedem normalen Haus nur Energieverschwender wohnen). Allerdings wirken Zahlen in den Medien verfälschend, die besagen, dass in Energiesparhäusern automatisch auch Strom gespart wird. Das Strom sparen hat nichts mit dem Gebäude, sondern viel mehr mit dem Bewusstsein der Menschen zu tun. Meist jedoch fallen, denke ich, Energiesparhaus und Strom-sparender Bürger zusammen.

Das Einsparen von Wärmeenergie allerdings sollte, wie ich finde, nicht auf dem Rücken der Stromrechnung ausgetragen werden, zumal jede Kilowattstunde Strom ja eigentlich (vom Primärenergieverbrauch her gesehen) mit drei multipliziert werden muss: Die in den meisten

Kraftwerken eingesetzte Primärenergie wird nur zu einem Drittel in Strom ungewandelt, die restlichen zwei Drittel sind Abwärme.

Ein durchschnittlicher 4 Personenhaushalt verbraucht 3200 kWh pro Jahr. Mit stromsparenden Geräten, Energiesparlampen, Vermeidung von Stand-by-Betrieb etc. kann der Verbrauch auf ca. 600 kWh/a reduziert werden (nach KIENZLE, GÖRG und BLOCH 1998, S. 8).

8. Lüftung

8.1 Allgemeines

Ein gut gedämmtes Haus ist im Optimalfall nahezu luftdicht. Lüften ist allerdings unverzichtbar für das Wohlbefinden eines Menschen: Feuchtigkeit, Gerüche und Schadstoffe werden abgeführt, zudem hat jeder Mensch einen Frischluftbedarf von 20-30 m³ pro Stunde. Außerdem sollte nach Pettenkofer die CO^2-Konzentration nicht mehr als 0,1 % betragen (nach FEIST 1996, S. 35).

8.2 Lüftungsarten

8.2.1 Fensterlüftung

Das Öffnen eines Fensters ist die häufigste Art zu Lüften. Die Wärmeverluste sind dabei allerdings sehr hoch, der Heizwärmebedarf kann um bis zu 50 % ansteigen. Luftwechsel erfolgt entweder aufgrund von Temperaturunterschieden innen und außen (Thermische Lüftung), oder mit Hilfe von Wind (Querlüftung: zwei Fenster müssen geöffnet sein). Der Nutzer trifft bei der Fensterlüftung leider selten das Maß für eine korrekte Lüftung (nach HIRSCH und LOHR 1996, S. 73).

8.2.2 Mechanisches Abluftsystem

Ein mechanisches Abluftsystem kann auf den Bedarf eingestellt werden. Die Luft wird mittels eines Abluftventilators z.B. aus Bad und Küche abgesaugt und nach außen geleitet. Der dadurch entstehende Unterdruck wird durch die Zuluftöffnung z.B. im Wohnzimmer ausgeglichen: Frische Luft strömt nach. Die Lüftungswärmeverluste sind allerdings ebenfalls hoch, hinzu kommt der Stromverbrauch des Ventilators (nach HIRSCH und LOHR 1996, S. 74).

8.2.3 Lüftung mit Wärmerückgewinnung

Auch hier wird die Luft aus (meist warmen) Räumen mit Feuchte- und Geruchsentwicklung abgesaugt. Diese wird dann, wie in Abbildung 2 zu sehen, über einen Wärmetauscher geleitet, der 50-70 % der Wärme an die frische Zuluft übergeben kann. Dadurch werden die Lüftungswärmeverluste reduziert (nach HIRSCH und LOHR 1996, S. 75). In Passivhäusern wird sogar das Warmwasser auf diese Weise erwärmt. Zwar verbraucht der Wärmetauscher auch Strom und somit Energie, aber die Energiegewinne liegen weitaus höher (nach FEIST 1996, S. 36ff.).

Abbildung 2 (Quelle: HIRSCH und LOHR 1996, S. 75).

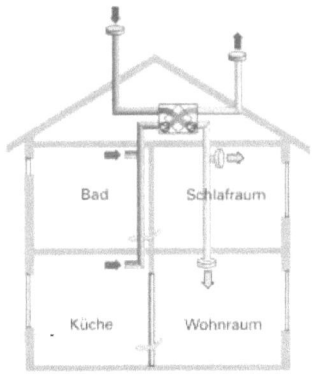

9. Heizung und Warmwasser

9.1 Das Prinzip

Eine Heizungsanlage ist nichts anderes als ein Energiewandler. Im Heizkessel wird der Brennstoff (Öl oder Gas, seltener Holz oder Kohle) verbrannt. Die dabei frei werdende Wärme wird an das Wärmeübertragungsmedium Wasser weitergegeben, das entweder in die Heizkörper strömt oder direkt als Warmwasser verwendet wird. Das heiße Abgas wird bei normalen Heizungsanlagen ungenutzt über den Schornstein nach außen geleitet. Bei neueren Anlagen (siehe Abschnitt 9.2.4) wird die Wärme des Abgases weitergenutzt. Das erhöht den Wirkungsgrad des Kessels. Als weitere Verluste sind zu nennen Stillstandsverluste und die Wärmeabstrahlung des Kessels (nach HIRSCH und LOHR 1996, S. 77).

9.2 Heizung

9.2.1 Verteilersysteme

Mittels einer Umwälzpumpe wird das warme Wasser in die Rohleitungen befördert. Man unterscheidet zwischen Ein- und Zweirohrsystemen. Bei Einrohrsystemen werden alle Heizkörper im Haus hintereinander in Reihe geschaltet. Dieses Prinzip ist sehr kostengünstig, da wenig Rohre benötigt werden. Die Nachteile sind, dass man einzelne Heizkörper nicht regeln kann (es sei denn man benutzt Bypassventile) und dass der Druck der Umwälzpumpe und die Vorlauftemperatur sehr hoch sein müssen, damit auch der letzte Heizkörper in der Reihe noch etwas abbekommt. Einrohrsysteme lohnen sich eigentlich nur bei sehr kleinen Gebäuden. Bei Zweirohrsystemen bekommt jeder Heizkörper seinen eigenen Vorlauf und Rücklauf. Zwar werden so viel mehr Rohrleitungen benötigt, aber ein niedrigerer Pumpendruck spart Energie. Außerdem kann man jeden Heizkörper einzeln regeln und dem Bedarf anpassen. Für Energiesparhäuser ist das zuletzt genannte System sinnvoller (nach HIRSCH und LOHR S. 79).

9.2.2 Anordnung der Heizkörper

In alten, schlecht gedämmten Gebäuden befinden sich die Heizkörper meist unter den Fenstern, da so der Raum „gleichmäßig erwärmt wird, und auch im Winter vollständig, bis vor das Fenster, ohne große Komforteinbuße" genutzt werden kann (HIRSCH und LOHR 1996, S. 79). Bei gut gedämmten Energiesparhäusern hingegen ist man in der Anordnung der Heizkörper ziemlich frei. Man kann die Heizkörper im Haus möglichst nah beisammen anordnen, um eine Verkürzungen der Rohrleitungen zu erreichen. Da somit die benötigte Heizleistung geringer wird, genügt auch ein kleinerer Heizkessel und man spart Energie (nach HIRSCH und LOHR 1996, S. 79).

9.2.3 Strahlungs- und Konvektionsanteil

Heizkörper geben Wärme durch Konvektion und durch Wärmestrahlung ab. Konvektion erwärmt die Raumluft, Wärmestrahlung hingegen eher die Oberflächen der Gegenstände, Wände etc. Warme Oberflächen empfinden Bewohner im Allgemeinen als angenehmer als warme Luft. Da bei Energiesparhäusern die Wände ohnehin gut gedämmt und deren Oberflächentemperatur behaglich sind, kann auf große, flache Heizkörper mit großen Strahlungsanteil verzichtet werden. Heizkörper mit höherem Konvektionsanteil können auch kleiner dimensioniert werden, was zu Energieeinsparungen führt (nach FEIST 1997, S. 123).

9.2.4 Moderne Heizkessel

Das bei der Verbrennung entstehende Abgas ist bei Heizkesseln sehr heiß. Es liegt daher nahe, diese Wärme weiter sinnvoll zu nutzen. Niedertemperaturkessel zum Beispiel verfügen über eine große Wärmetauscherfläche, die die freiwerdende Wärme um bis zu 90 % ausnutzt. Brennwertkessel gehen noch einen Schritt weiter: Eines der Verbrennungsprodukte ist Wasserdampf. Kühlt man das Abgas (z.B. mit einem Gebläse), kondensiert der Wasserdampf. Dabei wird zusätzlich noch Kondensationswärme frei. Die Gesamtwärmemenge einschließlich der Kondensationswärme nennt man auch oberer Brennwert (nach HISCH und LOHR 1996, S. 83).

9.3 Warmwasserbereitung

Warmes Wasser kann entweder zentral oder dezentral bereitet werden. Die gängigsten dezentralen Geräte sind Boiler oder Elektro-Durchlauferhitzer, die aber in der Regel einen „schlechten primärenergetischen Nutzungsgrad" (FEIST 1997, S. 129) haben (Bereitstellungsverluste bei Boilern und hoher Stromverbrauch bei Elektro-Durchlauferhitzern). Gas-Durchlauferhitzer stellen energetisch gesehen eine Alternative dar. Zentrale Warmwasserbereitung findet entweder im Heizkessel oder in einem separaten Warmwasserkessel statt. Außerdem können Solaranlagen (vor allem im Sommer) als sinnvolle Ergänzung zum Heizkessel verwendet werden und bis zu 50 % des Warmwasserbedarfs decken. Welche Warmwasserzubereitungsart am sinnvollsten ist, hängt zu sehr von den Randbedingungen ab, um „das Optimale" nennen zu können. In jedem Fall sollten, gleiches gilt auch für die Heizung, der Kessel und die Rohrleitungen wärmeisoliert werden. Außerdem sollten die Bereitstellungsverluste möglichst gering gehalten werden (nach FEIST 1997, S. 129). In jedem Falle zu bevorzugen sind Verfahren wie Kraft-Wärme-Kopplung oder Blockheizkraftwerke, die ganze Wohngebiete mit Strom und Wärme versorgen. Hierauf kann in diesem Referat allerdings nicht eingegangen werden.

9.4 Zusammenfassung des Themas „Heizung"

Allein durch die gute Wärmedämmung und die Nutzung passiver Solarenergie wird im Energiesparhaus eine Kettenreaktion ausgelöst: Aufgrund der geringeren Wärmeverluste der guten Dämmung und der passiven Wärmegewinne der Sonne wird im Haus weniger Heizenergie benötigt. Eine sinnvolle Anordnung der Heizkörper hat kürzere Rohrleitungen und somit eine geringere benötigte Pumpleistung zur Folge, was den Stromverbrauch senkt. Außerdem muss aufgrund der guten Dämmung der Strahlungsanteil der Heizkörper nicht so groß sein. Ein somit größerer Konvektionsanteil bewirkt, dass die Heizkörper kleiner ausfallen können und weniger Energie verbrauchen. Durch den geringeren Energieverbrauch wird auch nur noch ein kleinerer Heizkessel benötigt. Der geringere absolute Energieverbrauch bringt auch mit sich, dass der relative Anteil der solaren und inneren Gewinne steigt. Allerdings steigt auch der relative Anteil der Verluste des Heizsystems durch Abstrahlung und das Abgas. Eine gute Isolation desselben, sowie die Benutzung von Niedertemperatur- oder Brennwertkessel, die die Wärme des Abgases nutzen, lohnen sich also allemal, und: sparen wiederum Energie.

9.5 Die „Heizung" im Passivhaus

Passivhäuser besitzen keine Heizungsanlage, in der ein Brennstoff verbrannt wird. Lediglich die hereinscheinende Sonne und innere Gewinne dienen als Wärmequelle. Der Restheizwärmebedarf ist in einem Passivhaus so gering, dass diese Energie ausreicht. Vorraussetzung ist selbstverständlich eine optimale Wärmedämmung. Sogenannte Luft-Luft-Wärmetauscher (siehe Abbildung 3) stellen Heizung, Lüftung und Warmwasserkessel in einem dar. Aus Abbildung 3 wird deutlich, dass die Wärme der Fortluft aus Wohnräumen, Bad, Küche etc. mittels einer Wärmepumpe an Wasser weitergeleitet wird, welches die Wärme speichert und sowohl die frische Zuluft erwärmt, als auch an sich Warmwasser zum Duschen etc. darstellt (nach FEIST 1996, S. 42f.).

Abbildung 3 (Quelle: FEIST 1996, S. 43)

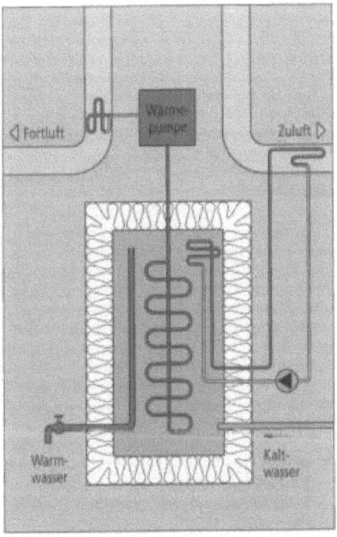

10. Wirtschaftliche Bewertung von Energiesparhäusern

Auf dem ersten Blick sind Energiesparhäuser teurer als normale Häuser: teures Dämmmaterial, teure Wärmeschutzfenster, zusätzliche Lüftung, zusätzlicher Wärmetauscher etc. Aber das ist nur die eine Seite der Medaille: Schließlich spart man, je mehr man in die Wärmedämmung usw. investiert, ja auch Energie. Abbildung 4 zeigt, dass mit steigenden Investitionskosten die Energiekosten und damit auch die Gesamtkosten sinken. Ab einem gewissen Punkt (dem Kostenminimum bei Variante 2) lohnen sich zusätzliche Investitionen nicht mehr; z.b. großflächige Solaranlagen sparen zwar Energie, sind aber leider noch sehr teuer. Der Knick der Kurve bei Variante 3 ist folgendermaßen zu deuten: Extrem gute Dämmung wie in einem Passivhaus kann zu einem Wegfall bestimmter Investitionskosten führen. Die Heizungsanlage kann, wie in Kapitel 9.5 beschrieben, komplett vereinfacht werden (nach HIRSCH und LOHR 1996, S. 125). Aber es geht selbstverständlich nicht immer nur darum, Kosten zu Sparen: In Hinblick auf unsere Umwelt sollte das höchste Ziel das Sparen von Energie sein.

Abbildung 4 (Quelle: HISCH und LOHR 1996, S. 125)

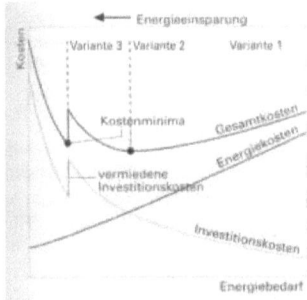

11. Abschließende Bemerkungen

Eine Energiesparhaus ist meiner Meinung nach beim heutigen Stand der Technik nichts exotisches mehr. Außerdem sind solche Gebäude sowohl äußerlich als auch vom Wohnkomfort her nicht von anderen Wohnhäusern zu unterscheiden. Jeder, der heute ein Haus baut, kann ohne finanziellen Mehraufwand ein Energiesparhaus bauen. Energiesparen und die Reduktion der Kohlendioxid-Belastung gewinnt ohnehin einen immer größeren Stellenwert in unserer Zeit. Der erste Spatenstich für ökologisches Bauen findet allerdings nicht erst auf dem Bauplatz, sondern bereits vorher statt: im Kopf.

12. Literatur

DWORSCHAK, Gunda und WENKE, Alfred (Hrsg.) (1997): Neue Energiesparhäuser im Detail. Augsburg.

FEIST, Wolfgang (1996): Grundlagen der Gestaltung von Passivhäusern. Darmstadt.

FEIST, Wolfgang (Hrsg.) (1997): Das Niedrigenergiehaus. 4. Auflage. Heidelberg.

HIRSCH, Harry und LOHR, Alex (Hrsg.) (1996): Energiegerechtes Bauen und Modernisieren. Basel.

KIENZLE, Peter, Manfred GÖRG und Thomas BLOCH (1998): Das Niedrigenergiehaus. Köln.

MEYER, Ronald (2001): Das Energieeinsparhaus. Taunusstein.

SCHARPING, Heike (1997): Niedrigenergiehäuser in der Praxis. Köln.